BEI GRIN MACHT SICH IHR WISSEN BEZAHLT

- Wir veröffentlichen Ihre Hausarbeit,
  Bachelor- und Masterarbeit

- Ihr eigenes eBook und Buch -
  weltweit in allen wichtigen Shops

- Verdienen Sie an jedem Verkauf

Jetzt bei www.GRIN.com hochladen
und kostenlos publizieren

Bibliografische Information der Deutschen Nationalbibliothek:

Die Deutsche Bibliothek verzeichnet diese Publikation in der Deutschen National-bibliografie; detaillierte bibliografische Daten sind im Internet über http://dnb.d-nb.de/ abrufbar.

Impressum:

Copyright © 2003 GRIN Verlag, Open Publishing GmbH
Druck und Bindung: Books on Demand GmbH, Norderstedt Germany
ISBN: 9783640552238

Dieses Buch bei GRIN:

http://www.grin.com/de/e-book/146362/schriftliche-rechenverfahren-der-addition

Nuran Aksoy

Schriftliche Rechenverfahren der Addition

GRIN Verlag

GRIN - Your knowledge has value

Der GRIN Verlag publiziert seit 1998 wissenschaftliche Arbeiten von Studenten, Hochschullehrern und anderen Akademikern als eBook und gedrucktes Buch. Die Verlagswebsite www.grin.com ist die ideale Plattform zur Veröffentlichung von Hausarbeiten, Abschlussarbeiten, wissenschaftlichen Aufsätzen, Dissertationen und Fachbüchern.

Besuchen Sie uns im Internet:

http://www.grin.com/

http://www.facebook.com/grincom

http://www.twitter.com/grin_com

Schriftliche Rechenverfahren der Addition

Einleitung

Diese Arbeit ist im Zusammenhang mit einem Referat zum Thema „Schriftliche Rechenverfahren der Addition" im Hauptseminar „Didaktik der Arithmetik" an der Humboldt Universität Berlin im Sommersemester 2003 entstanden.

In dieser Ausarbeitung werden zuerst die nichtschriftlichen Rechenverfahren der Addition kurz eingeführt, welches ebenfalls im Hauptseminar innerhalb des Vortrages erfolgte. Anschließend werden die schriftlichen Rechenverfahren der Addition erläutert. Dabei werden zunächst das Normalverfahren der Addition charakterisiert, dann folgt der mathematische Hintergrund der Rechenverfahren bezüglich der Addition.

Die schriftlichen Rechenverfahren bringen neben vielen Vorteilen auch viele Nachteile mit sich, diese werden im weiteren Verlauf dieser Arbeit zusammengefasst. Es gibt verschiedene Vorgänge innerhalb der schriftlichen Rechenverfahren der Addition. Davon werden zwei in dieser Arbeit präsentiert. Zum Einen das Rechnen im dezimalen Stellenwertsystem und zum Anderen im nichtdezimalen Stellenwertsystem.

Ein breites Thema der schriftlichen Addition nehmen die typischen Schülerfehler ein. Von denen werden einige in dieser Ausarbeitung mit Beispielen erörtert. Abschließend wird die Wichtigkeit der schriftlichen Rechenverfahren in der Schule, die im Seminar diskutiert wurde, zusammengetragen.

1. Nichtschriftliche Rechenverfahren

Die nichtschriftlichen Rechenverfahren spielen im Leben eines Kindes der Grundschule eine wichtige Rolle. Denn hier lernt er prinzipielle Rechenregeln, die er in seiner weiteren Schullaufbahn anwenden muss.

Die mündliche Addition und Subtraktion wird schon im ersten Schuljahr eingeführt. Die Multiplikation und Division dagegen wird erst im zweiten Schuljahr eingeführt. Denn für eine angemessene Behandlung dieser Rechenarten sind „größere" Zahlen erforderlich.

Es gibt verschiedene Strategien auf die die Schulanfänger bei Additionsaufgaben zurückgreifen. Nach Untersuchungen von Carpenter, Moser und Romberg lassen sich folgende Strategien unterscheiden:[1]

1.1 Additionsstrategien:

- *Vollständiges Auszählen*
Diese Methode wird vor allem bei Benutzung von Materialien eingesetzt. z. B. Klötzchen oder Plättchen   Beispiel : 4 + 5
Hierbei werden zunächst 4 Plättchen und danach 5 Plättchen hingelegt und die Summe wird durch vollständiges Auszählen (1,2,3,4,5,6,7,8,9)der Gesamtmenge bestimmt.

- *Weiterzählen vom ersten Summanden aus*
Diese Strategie bildet eine Weiterentwicklung vom vollständigen Auszählen. Im Beispiel 4 + 5 wird nicht mehr von 1 bis 9, sondern nur noch 5, 6, 7, 8, 9 gezählt.

-   *Weiterzählen vom größeren Summanden aus*
    Wenn der zweite Summand größer ist, so muss man bei der Aufgabe 3 + 6 nicht mehr wie bei der bisherigen Strategie 4, 5, 6, 7,8, 9, sondern nur noch 7, 8, 9 zählen, um das Ergebnis zu erhalten. Grundlage für den Einsatz dieser Zählstrategie ist das Kommutativgesetz der Addition.

-   *Weiterzählen vom größeren Summanden aus in größeren Schritten*
    Statt eine Aufgabe wie 7 +8 durch achtmaliges Weiterzählen zu lösen, kann man sie auch mittels Zweierschritten (9, 11, 13, 15) oder mittels Viererschritten (11, 15) lösen.

Der Fortschritt des einzelnen Schülers bezüglich dieser verschiedenen Zählstrategien lässt sich nicht als ein „lineares Fortschreiten" vorstellen. Denn jeder Schüler greift in bestimmten Situationen auch bei Kenntnis effektivster Zählstrategien gelegentlich auf einfachere Zählstrategien zurück.[2] Dies ließ sich ebenfalls in unserem Seminar an Studenten erkennen. Bei Additionsaufgaben zweistelliger Zahlen griffen die Studenten auf unterschiedliche Methoden zurück. Wichtig zu erwähnen ist, dass die Lösung von Additionsaufgaben während der Grundschulzeit nicht auf dem Niveau des Einsatzes von Zählstrategien zurückbleibt. Denn die Schüler verfügen im Laufe der Zeit über mehr und mehr Additionsansätze des Kleinen 1 + 1, die sie aufgrund häufiger Benutzung oder gezielten Auswendiglernens beherrschen.

1.2 Das kleine 1 +1 im Unterricht

Zur Behandlung des Kleinen 1+1 im Unterricht empfiehlt Padberg[3] für die Einführung der Addition eine aspektreiche systematische Behandlung. Man sollte sich nicht nur auf den Kardinalzahlaspekt beschränken, sondern auch andere Zahlaspekte miteinbeziehen. Neben dem Kardinalzahlaspekt spielt auch der Maßzahlaspekt eine wichtige Rolle. Vor allem Längen, Geldwerte sind für den Anfangsunterricht angesprochene Größenbereiche. Je nach Länge verschieden gefärbte Rechenstäbe (Cuisenairestäbe) und Geldstücke sind entsprechende Materialien. Neben Bildern von homogenem Material z. B. Plättchen können in diesem Zusammenhang vielfach auch Bilder aus der Erfahrungswelt der Kinder (Tiere, Pflanzen, Kinder) benutzt werden. Beim Einsatz der verschiedenen Modelle im Unterricht sollte aber nicht zu viel Veranschaulichungsmaterial eingesetzt werden. Da es nicht immer hilfreich sein kann, und noch von den Schülern zusätzlich gelernt werden muss.[4] Die Erarbeitung des Kleinen 1+1 erfolgt im Unterricht des 1. Schuljahres unter diesen und ähnlichen Modellen. Die 1+1 Sätze werden aber nicht stur der Reihe nach einzeln gelernt, sondern werden von Strategien begleitet, wie von Tausch-, Verdoppelungs-, Nachbar- und Analogieaufgaben.

2. Schriftliche Rechenverfahren

Schriftliche Rechenverfahren sind algorithmische Verfahren. „Algorithmus (nach dem arabischen Mathematiker Al Chwarismi) ist ein abgeschlossener Rechenvorgang mit einer zyklisch sich wiederholenden Gesetzmäßigkeit."[5]

Zu ihnen gehören die schriftliche Addition, die – Subtraktion, die – Multiplikation und die schriftliche Division. Sie haben den Vorteil, dass sie zum größten Teil automatisch ablaufen. In der Grundschule wurden die schriftlichen Rechenverfahren durch die Beschlüsse der Kultusministerkonferenz weitestgehend normiert und verbindlich vorgeschrieben. Als Endziel wird ein Normalverfahren angestrebt, das heißt, die Einzelschritte erfolgen nach festgelegten Regeln und in einer bestimmten Reihenfolge. Des weiteren schreiben die Beschlüsse der Kultusministerkonferenz eine Festlegung der Sprech- und Schreibweisen bei den schriftlichen Rechenverfahren vor.[6] Wesentlich für die schriftlichen Normalverfahren ist, dass ziffernweise gerechnet wird. Das bedeutet, dass nie die gesamte Zahl im Blick der Rechnerin oder des Rechners steht, sondern jeweils die einzelnen Ziffern der Zahl. Bei den schriftlichen Normalverfahren wird jeweils nach dem Prinzip des Stellenwertsystems gerechnet.

2.1 Das Normalverfahren der schriftlichen Addition

Die schriftliche Addition ist das unkomplizierteste der schriftlichen Rechenverfahren. Ein sicheres Beherrschen der Grundaufgaben zur Addition bis 20 und ein ausreichendes Verständnis des Stellenwertbegriffs und des Bündelungsprinzips sind jedoch Voraussetzung.

Beispiel:

	4	3	7
+	3	4_	6
	7	8	3

Sprechweise:

Sechs plus sieben gleich dreizehn, schreibe drei, übertrage eins.
Eins plus vier plus drei gleich acht, schreibe acht.
Drei plus vier gleich sieben, schreibe sieben.[7]

Die Summanden werden stellengerecht untereinander angeordnet. Aus der Festlegung der Sprechweise kann man entnehmen, dass beim Normalverfahren der schriftlichen Addition von unten nach oben addiert wird (es wird bei den Einern begonnen) und die Übertragsziffern (werden meist etwas kleiner am unteren Rand der nächsten, linken Spalte notiert) beim Aufaddieren mitgesprochen werden. Dennoch sollte man die Übertragsziffern nicht notieren und sie beim Aufaddieren nicht mitsprechen, sondern sie lediglich im Kopf dazuzählen. Also nicht: Eins plus vier plus acht, sondern fünf (!) plus acht. So wird es bei der schriftlichen Subtraktion auch gehandhabt und die SchülerInnen kommen dadurch später nicht durcheinander. Padberg[8] dagegen lässt einige Unterschiede zur Sprechweise erkennen, indem er die Übertragsziffer in die nächste linke Spalte notiert und die Zahlen des ersten Summanden nicht mitspricht. Beispiel:

	4	3	7
+	3	4	6
	7	8	3

Sprechweise: (Endform)
6, 13
1, 5, 8 (zum Teil auch kürzer nur: 5, 8)
3, 7

In anderen Ländern in Europa lassen sich auch minimale Unterschiede bei der schriftlichen Addition erkennen. In Italien wird zum Beispiel das Plus- und Gleichheitszeichen auf die rechte Seite notiert, statt auf die linke Seite wie in Deutschland. Oder in Finnland wird die Übertragsziffer in die oberste Spalte geschrieben. In Ländern wie in Griechenland, Spanien und Türkei lassen sich innerhalb der schriftlichen Addition keine Unterschiede feststellen.

2.2 Mathematischer Hintergrund

Das Normalverfahren beruht im wesentlichen auf der Gültigkeit des Kommutativ-, Assoziativ- und Distributivgesetzes, sowie auf der Tätigkeit des Umbündelns sobald in einer Stellenwertspalte der Wert 9 überschritten wird.

Für die Addition gilt das *Assoziativgesetz*: Summanden darf man beliebig zusammenfassen, dabei bleibt die Summe gleich: $a + (b + c) = (a + b) + c$[9]

Für die Addition gilt bezüglich der Multiplikation das *Distributivgesetz*: $a \cdot (b + c) = a \cdot b + a \cdot c$
bzw. $= (b + c) \cdot a = b \cdot a + c \cdot a$[10]

Für die Addition gilt das *Kommutativgesetz*: Summanden darf man vertauschen, dabei bleibt die Summe gleich. $a + b = b + a$[11]

So kann man das Beispiel 346 + 437 wegen der Gültigkeit des Kommutativ- und Assoziativgesetzes bezüglich der Addition folgendermaßen umschreiben:
$$346 \quad + \quad 437 = (300 + 40 + 6) + (400 + 30 + 7)$$
$$= (6 + 7) + (40 + 30) + (300 + 400)$$

Die Gültigkeit des Distributivgesetzes bewirkt, dass wir spaltenweise die jeweiligen Ziffern addieren:
$$(6 + 7) + (40 + 30) \quad + (300 + 400)$$
$$= (6 + 7) + (4 \cdot 10 + 3 \cdot 10) + (3 \cdot 100 + 4 \cdot 100)$$
$$= (6 + 7) + (4 + 3) \cdot 10 \quad + (3 + 4) \cdot 100$$

Das Umbündeln von 13 Einern in 1 Zehner und 3 Einern ergibt:
$$= (6 + 7) \quad + (4 + 3) \cdot 10 \quad + (3 + 4) \cdot 100$$
$$= (3 \cdot 1 \cdot 10) + (3 + 4) \cdot 10 \quad + (3 + 4) \cdot 100$$
$$= 3 \quad + (1 + 4 + 3) \cdot 10 + (3 + 4) \cdot 100$$
$$= 3 \quad + 8 \cdot 10 \quad + 7 \cdot 100$$
$$= 3 \quad + 80 \quad + 700$$
$$= \mathbf{783}$$

2. 3 Vor- und Nachteile des Normalverfahrens

2.3.1 Vorteile

Ein Vorteil des Normalverfahrens ist, dass die Schüler durch die schematische und einprägsame Abfolge der Einzelschritte sicherer rechnen und potentielle Fehlerquellen vermeiden können. Dadurch werden sie die Rechenaufgaben stetig schneller durchführen können. Durch eine ansteigende Rechensicherheit wird das Gedächtnis des Schülers entlastet und er kann sich somit auf die Probleme innerhalb der zu lösenden Rechenaufgabe konzentrieren.

Ein weiterer Vorteil ist, dass im Falle eines Orts- oder Schulwechsels durch die Normierung der schriftlichen Rechenverfahren, so gut wie keine Schwierigkeiten auftreten werden, da die Rechenverfahren überall angeglichen sind.[12] Sie stellen auch eine Hilfe für die langfristige Sicherung des Lernerfolgs.

2.3.2 Nachteile

Sollten bei der Einführung der schriftlichen Rechenverfahren zu viele Teilschritte auf einmal durchgeführt werden, könnten die Schüler durch diese Fülle unsicher werden. Dieses könnte eventuell zur Folge haben, dass sie Teilschritte verwechseln, fehlerhaft abändern oder vergessen. Außerdem besteht die Möglichkeit, dass eine zu frühe Automatisierung der Normalverfahren ein mangelhaftes Verstehen der Schüler erzeugen könnte, was zur Folge hätte, dass sie das Verfahren nur sehr schwer nachvollziehen können. Da die Normalverfahren ohne Einsicht durchgeführt werden können, das heißt, die Schüler rechnen streng nach einem bestimmten Schema, kann es passieren, dass sie unverstandene und somit falsche Rechenschritte übernehmen und typische Fehler auftreten. Des weiteren führen Normalverfahren dazu, sie immer anzuwenden, auch wenn andere Wege, wie zum Beispiel das Kopfrechnen, schneller zum Ergebnis führen.

2.3.3 Gegenmaßnahmen:

Bevor SchülerInnen das Normalverfahren kennen lernen, sollten die Schüler erst mal selbst verschiedene Lösungswege selbständig erarbeiten und kennen lernen. Normalverfahren sollten also nicht am Anfang eines Unterrichtsthemas stehen, sondern den Abschluss eines längeren Prozesses bilden. Um eine Unsicherheit seitens der Kinder zu vermeiden, sollten die Teilschritte und der Gesamtablauf der schriftlichen Rechenverfahren sowie die sprachlichen Formulierungen sehr sorgfältig entwickelt werden.[13]

3. Addition in nichtdezimalen Stellenwertsystemen

Das Normalverfahren der schriftlichen Addition kann im Unterricht durch eine vorhergehende Behandlung der Addition in Stellenwertsystemen mit der Basis 3, 4 oder 5 mit Hilfe von konkretem Material wie zum Beispiel mit Mehrsystemblöcken gut vorbereitet werden. Denn die Basen zwischen 3 und 5 ermöglichen die simultane Erfassung der Bündelungseinheiten. Hierbei wird keine Rechenfertigkeit in den nichtdezimalen Basen angestrebt. Die Zielsetzung ist vielmehr ein besseres Verständnis des Prinzips des schriftlichen Additionsverfahrens im dezimalen Stellenwertsystemen. Die Kinder sollen somit eine tiefere Einsicht in die Struktur der Stellenwerttafel gewinnen. In der Vorbereitung auf das Addieren ist es sinnvoll, Bündelungen nicht auf der Basis 10 durchzuführen, um den Vorgang des Übertrags, des Umwechselns in das Bündel der nächstgrößeren Ordnung deutlicher zu machen.

Hier beginnt man mit dem leichten Fall, nämlich der Addition ohne Übertrag.

Beispiel (ohne Übertrag): $121_4 + 211_4 = 332_4$

VV (Vierer-Vierer)	V (Vierer)	E (Einer)

VV	V	E
1	2	1
2	1	1
3	3	2

Man addiert von unten nach oben und schreibt die Summe unter den Strich.

$$1E + 1E = 2E$$
$$1V + 2V = 3V$$
$$2VV + 1VV = 3VV$$

Mathematisch betrachtet werden die Kinder am Beispiel des Vierersystems grundlegend auch mit dem Bündelungsvorgang vertraut gemacht. Das Bündeln von Mengen, die Notation der Zahlenwerte und das Zählen in nichtdekadischen Systemen fördern die Orientierung in größeren Zahlräumen. In beiden Fällen notiert man parallel zur Arbeit mit Materialien die Ergebnisse knapp und übersichtlich in einer Stellentafel.

Erhält man bei Benutzung der Basis 4 in einer Spalte mehr als 3 Elemente, so müssen Umbündelungen vorgenommen werden. So tauscht man jeweils 4 Einer gegen einen Vierer (oder bei Benutzung von Mehrsystemblöcken 4 Würfel gegen eine Stange) und 4 Vierer gegen einen Vierer- Vierer (bzw. 4 Stangen gegen eine Platte) aus.

Beispiel mit Übertrag: $132_4 + 123_4 = 321_4$

VV (Vierer-Vierer)	V (Vierer)	E (Einer)

VV	V	E
1	3	2
1	2	3
2	^{4}1	^{4}1
3	2	1

Man addiert von unten nach oben $3E + 2E \qquad = 5\,E = 1\,V + 1\,E$

und vermerkt 1 in der Vierer- Spalte $1V + 2V + 3V = 6\,V = 1VV + 2V$

nun vermerkt man 1 in der VV- Spalte $1VV + 1VV + 1VV = 3\,VV$

4. Schülerfehler

4.1 Fehlergruppen

Bei der schriftlichen Addition zweier Zahlen im Dezimalsystem unterscheidet man zwischen zwei Schwierigkeitsstufen: der Addition mit und ohne Übertrag.[14] Die Hälfte der Schülerfehler beim schriftlichen Addieren sind Fehler beim Übertrag. Je mehr Überträge erforderlich werden, desto schwieriger wird die Aufgabe für sie. Insgesamt werden 6 Fehlergruppen vorgestellt. Begonnen wird mit den Übertragsfehlern:

1. Bei diesem Fehlermuster gibt es vier Arten der Übertragsfehler.

Der ,,Übertrag in allgemeinen Fällen" wird nicht berücksichtigt, d. h. der Schüler übersieht die Übertragsziffer, auch, wenn er sie zuvor bereits hingeschrieben hat.

Beispiel:

		5	4
+		2_	7
		7	1

Der ,,Übertrag in besonderen Fällen" wird nicht berücksichtigt, zum Beispiel, wenn der Schüler kein Übertrag zur Null setzt, weil er Schwierigkeiten mit der Bedeutung der Null hat.

Beispiel:

		2	6
+	4	0_	9
	4	2	5

Oder aber er ist unsicher im Umgang mit leeren Stellen oder zusätzlichen Stellen, was bedeutet, dass der Schüler die Vorstellung hat, dass eine Summe nicht mehr Stellen als zwei Summanden haben kann, wie im folgenden Beispiel:

		9	8
+		_	7
		9	5

Eine weitere Möglichkeit, bei der bei rechenschwachen Schülern Schwierigkeiten auftreten können, ist der fehlende Übertrag zur neun. Eine mögliche Ursache für das Auftreten dieses

Fehlermusters könnte die Vernachlässigung dieses Sonderfalls in der Einführungs- und Übungsphase sein.

Beispiel:

			8
+		9_	6
		9	4

2. Fehler beim ,,Eins und Eins" - vor allem bei Abweichungen um 1.

45% der Schüler machen diesen Fehlertyp bei der schriftlichen Addition, aufgrund einer nicht ausreichenden Beherrschung des ,,Eins und Eins".

3. Fehler mit der Null, zum Beispiel 5 + 0 = 0. Mögliche Ursachen für diesen Fehlertyp sind, dass das Kind denkt, dass die Null nichts ist und aus Nichts wird Nichts. Oder aber in der Einführungsphase wurde nicht ausreichend mit der Null gerechnet, zum Beispiel wurde sie nicht in das Kopfrechnen miteinbezogen. Oft verwechseln die Schüler auch die Rolle der Null beim Addieren, das heißt, der Schüler denkt an das Multiplizieren mit der Null, denn 0+7= 7, aber 0·7=0.

4. Fehler durch unterschiedliche Stellenzahlen (leere Stellen), zum Beispiel:

	4	3	7
+			6
		4_	
		8	3

Hier übersieht der Schüler die vier in der Hunderterstelle. Dieses passiert oft in Lehrgängen, in denen in der Einführung nur Aufgaben mit gleicher Stellenzahl verwendet wurden. ,,Ziffern ohne Rechenpartner" sind hier ungewohnt für die Schüler.

5. Fehler beim Übertrag, zum Beispiel, wenn der Summenstrich zu nahe bei den Summanden gezogen wird. Dadurch haben die Übertragsziffern nur zwischen den Spalten Platz und werden gar nicht, beim falschen Stellenwert oder als zusätzliche Ziffer in das Endergebnis geschrieben.[15]

6. Es wird von links nach rechts addiert, das heißt die SchülerInnen beginnen nicht bei den Einern, sondern bei den Hundertern.[16]

Beispiel:

	4	3	7
+			6
		4	
	4	7	13

4.2 Zur Vorbeugung von Fehlern, sind folgende Maßnahmen wichtig:

Das kleine ,,Eins und Eins" muss abrufbar und geläufig sein, das heißt, die Schüler müssen aus dem Gedächtnis (ohne leises Weiterzählen, die Finger zur Hilfe zu nehmen oder Nachbaraufgaben zu bilden) unmittelbar die Lösungen nennen können.[17] Additionsaufgaben sollten immer klar dargestellt werden, das heißt, es sollte Karopapier zum

Rechnen benutzt und in jedes Kästchen jeweils nur eine Ziffer geschrieben werden. Um Fehler durch unterschiedliche Stellenzahlen zu vermeiden, sollte das Pluszeichen nicht zu dicht bei den Ziffern gesetzt werden. Des weiteren sollten die Übertragsziffern konsequent notiert werden, das heißt entweder nie oder immer. Dieses vermeidet sowohl Verunsicherungen bei den Schülern als auch Übertragsfehler. Außerdem sollten die Schüler beim Vorrechnen an der Tafel immer die Sprechweise einbehalten und laut kommentieren, was sie rechnen. Dadurch können ebenfalls Übertragsfehler vermieden werden. Der Summenstrich sollte immer eine halbe Kästchenzeile unter den Aufgaben gezogen werden, damit Übertragsziffern notiert werden können. Außerdem sollten letztere immer in die Spalten geschrieben werden und nicht dazwischen, damit man diese in der richtigen Spalte und nicht mehrmals berücksichtigt.

5. Resümee/ Diskussion

Im Vortrag wurde auch neben den theoretischen Ansätzen ein mögliche Umsetzung für die Praxis dargestellt. Dabei handelt es sich speziell um das Spiel „Zahlenstreifen"[18], das den Schülern die schriftlichen Rechenverfahren näher bringen soll.

Einer, Zehner, Hunderter etc. werden auf verschieden lange Pappstreifen notiert, mit denen man Zahlen „zusammenbauen" kann. Insbesondere erhält man die Ziffernfolge der Zahl, wenn die Streifen übereinandergeschoben werden. Man erhält vielfältige Möglichkeiten für Übungsformen und Aufgabenstellungen mit diesen Zahlenstreifen. Deswegen stellt es vor allem eine Hilfe für lernschwächere und Integrationsschüler dar.

Das Referat endete mit der Fragestellung, inwiefern die schriftlichen Rechenverfahren in der heutigen Zeit, in der den Schülern viele elektronische Geräte wie Taschenrechner, Computer etc. um Rechenaufgaben zu lösen, dienen, überhaupt noch eine Notwendigkeit darstellen. Es ließen sich unterschiedliche Antworten sammeln, die zum Teil Befürwortungen und zum Teil Gegenargumente bildeten.

Ein Vorschlag war, den Taschenrechner in der Oberschule einzuführen, um den Schülern den Umgang mit ihm zu vermitteln, da nicht jeder ihn zu bedienen weiß. Dazu stellte sich ein Gegenargument anhand des Beispiels eines Automobils dar, mit der Aussage man kenne die Funktionen des Motors ebenfalls nicht, aber kann das Auto trotzdem fahren. Doch diese Diskussion, die sich weiter vertiefte, schweifte vom eigentlichen Thema ab.

Ein Argument für das schriftliche Rechnen ist die Abhängigkeitsminderung von diesen Geräten, welche ihnen ein Gefühl der eigenen Kompetenz und Sicherheit geben kann. Doch beim Rechnen im größeren Zahlenraum greift man eher zum Taschenrechner, da das Rechnen mit größeren Zahlen einem nicht so geläufig ist oder man sich nicht gern die Mühe macht zu rechnen. Außerdem stellte sich in der Diskussion heraus, dass man sich auf solche und ähnliche Geräte nicht verlassen kann, da sie auch Fehler vorweisen können.

9

Eine Gefahr des schriftlichen Rechnens ist das Vernachlässigen des Kopfrechnens. Dies bedeutet, dass Schüler durch das erforderliche Üben die Rechenschritte so sicher beherrschen, dass sie nun lieber schriftlich rechnen als im Kopf, weil sie dieses als einfacher empfinden.

Aus der Diskussion resultierte sich, dass es adäquater wäre die schriftlichen Rechenverfahren in der Grundschule einzuführen, trotz der intensiven Zeit, die sie zur Bearbeitung braucht. Denn die Grundrechenarten sind die Basis für alle Rechenverfahren, die im frühen Alter gelernt werden müssen. Ohne das Lernen der Funktionen des Rechnens der Grundrechenarten wäre man auch nicht in der Lage, einen Taschenrechner überhaupt nutzen zu können.

6. Anmerkungen

[1] Padberg, (1996).S.75.
[2] Ebd. (1996) S. 79.
[3] Ebd.(1996) S.ff.
[4] Ebd. (1996)S. 80.
[5] Lingen Lexikon (1973)
[6] Padberg (1996) S. 156.
[7] Gerster/ Abele (1994) S. 220.
[8] Padberg (1998) S. 158.
[9] Duden. Mathematik. Basiswissen Schule (2001). S.40.
[10] Ebd. (2001) S.ff.
[11] Ebd. (2001) S. 74.
[12] Padberg (1996) S. 157.
[13] Ebd. (1996) S. 165.
[14] Ebd. (1996) S. 158.
[15] Gerster, Abele (1994) S. 55.
[16] Lorenz/ Radatz (1993) S.156.
[17] Lorenz (1984) S.66.
[18] Floer (1985) S. 118.

7. Literaturangaben:

Duden. Mathematik. Basiswissen Schule. Hrsg. Günther Rolles / Dr. Michael Unger. Paetec Gesellschaft für Bildung und Technik mbH Berlin und Bibliographisches Institut & F. A. Brockhaus AG, Mannheim (2001).
Floer: Arithmetik für Kinder. Materialien- Spiele- Übungsformen. Arbeitskreis Grundschule e. V. Frankfurt am Main (1985).
F. a. Brockhaus: Lingen Lexikon, Freiburg i. Br.. Lingen Verlag (1973).
Gerster, H.-D.: Schülerfehler bei schriftlichen Rechenverfahren- Diagnose und Therapie. Freiburg (1982).
Gerster, H.D./ Abele, A.: Handbuch zur Grundschulmathematik, Stuttgart, Klett, Band 2: 3. und 4. Schuljahr (1994).
Lorenz, J. H.: Lernschwierigkeiten: Forschung und Praxis, Köln, Aulis- Verlag Deubner, Band 10 (1984).
Lorenz, J. H./ Radatz, H.: Handbuch des Förderns im Mathematikunterricht, Hannover Schroedelbuchverlag (1993).
Padberg, F.: Didaktik der Arithmetik. Spektrum Akademischer Verlag. Heidelberg/ Berlin (1996).